见识城邦

更 新 知 识 地 图　　拓 展 认 知 边 界

企鹅科普
（第一辑）

巫术

[英] 苏珊娜·利普斯科姆 著　[英] 马丁·皮克 绘　王海峰 译

中信出版集团 | 北京

图书在版编目（CIP）数据

巫术 / (英) 苏珊娜 · 利普斯科姆著 ; (英) 马丁 ·
皮克绘 ; 王海峰译. -- 北京 : 中信出版社, 2021.3
（企鹅科普. 第一辑）
书名原文: Ladybird Expert: Witchcraft
ISBN 978-7-5217-2429-5

Ⅰ. ①巫… Ⅱ. ①苏… ②马… ③王… Ⅲ. ①巫术—
世界—青少年读物 Ⅳ. ①B991-49

中国版本图书馆CIP数据核字(2020)第217407号

Witchcraft by Suzannah Lipscomb with illustrations by Martyn Pick
First published in Great Britain in the English language by Penguin Books Ltd.

巫术

著　　者：[英] 苏珊娜 · 利普斯科姆
绘　　者：[英] 马丁 · 皮克
译　　者：王海峰
出版发行：中信出版集团股份有限公司
（北京市朝阳区惠新东街甲 4 号富盛大厦 2 座　邮编　100029）
承 印 者：北京尚唐印刷包装有限公司

开　　本：880mm × 1230mm　1/32　　印　　张：1.75　　字　　数：17 千字
版　　次：2021 年 3 月第 1 版　　印　　次：2021 年 3 月第 1 次印刷
京权图字：01−2020−0071
书　　号：ISBN 978−7−5217−2429−5
定　　价：188.00 元（全 12 册）

16 世纪和 17 世纪欧洲的女巫迫害
持续的严重迫害
持续的程度稍轻的迫害
轻微但有历史意义的迫害
挪威王国
瑞典王国
苏格兰王国
爱尔兰
英格兰王国
丹麦王国
波兰王国
神圣罗马帝国
尼德兰
洛林公国
巴伐利亚公国
特兰西瓦尼亚公国
奥地利公国
瑞士联邦
匈牙利王国
法兰西王国
萨沃伊公国
西班牙王国

女巫无处不在

在我小时候，儿童文学作家罗尔德·达尔（Roald Dahl）创造的至尊女巫形象总是在我脑海中反复浮现，挥之不去。女巫的脚是方形的，没脚趾，脑袋就像煮熟的鸡蛋一样光秃秃的，而且讨厌小孩，因为在女巫眼中，小孩子闻起来都有一股狗屎味。由此，女巫成了我的童年阴影。

儿童文学之外，各地区、民族、文化中也有各式各样的女巫形象，现代电影和电视节目中的女巫形象更是深入人心。例如几年前风靡一时的奇幻题材电视剧《权力的游戏》中的女祭司梅丽珊卓。在政治评论节目中，某些有性别歧视倾向的政治评论员会用“女巫”指代美国政治家希拉里·克林顿或英国前首相特蕾莎·梅。总之，女巫的形象既有吸引力，又让人望而生畏，她们是邪恶、堕落和欲望的同义词，而且一直以来都是如此。

巫术信仰已经存在了数千年。约公元前330年，在古希腊，一名自称来自利姆诺斯岛，叫作塞奥里斯的男巫受到了审判，罪名是施咒及用药物害人。公元前30年前后，罗马诗人提布鲁斯跟情妇保证说，他找到了一名信得过的女巫，可以用魔法仪式和咒语使情妇的丈夫不会知道她有外遇。公元354年编写的《编年史》记载，公元16年或17年，在提比略统治时期，有45名男巫和85名女巫被处以死刑。公元371年，罗马皇帝瓦伦提尼安曾下诏禁止出于不当的目的用动物内脏占卜。6世纪早期，在克洛维统治下的法国，施用魔法的人会被罚款。查理曼（查理大帝）于789年颁布法令，规定“夜间女巫”应被处死，而公元924—939年在位的盎格鲁-撒克逊人的国王阿特尔斯坦曾下令对任何使用致人死亡的咒语的人严惩重罚。

女巫的神话

文化意义上的巫师形象一直与社会的发展相伴，但历史上有一段时期，人们对女巫的恐惧达到了一个高潮。在 1450 年到 1750 年的欧洲，很多人因被指控为女巫而受到迫害、起诉和处决，史称“女巫审判”。如此大规模的针对女巫的迫害前无古人，后无来者，值得后世去反思是什么促成了人们对女巫的群体性恐慌，以及这种恐慌如何发展为女巫审判。

要回答这些问题，首先我们需要澄清一些传闻。

传闻一：抓住女巫后，人们会将她们捆在凳子上，以示惩罚。

错误，捆在凳子上是当时对泼妇的一种惩罚；惩罚女巫的方式是把她们捆在椅子上扔到水里。

传闻二：所有的女巫都会被活活烧死。

不完全对，在英格兰和新英格兰（美国东北部），女巫是被绞死的，不是被烧死的。还有一些地方，在烧女巫之前会先将其勒毙。

传闻三：迫害女巫的主体是中世纪的天主教教会。

错误，绝大多数对女巫的审判是在世俗法庭进行的。教会所起的唯一作用是将大众信仰与一种以魔鬼为名的女巫阴谋论联系起来。

传闻四：丹·布朗曾在其畅销小说《达·芬奇密码》中写道，教会先后把 500 万名女巫烧死在了火刑柱上。

如果这话是真的，那真的是太让人震惊了。其实，历史上约有 9 万人因巫术而被起诉，其中大约一半被处决。

传闻五：审判女巫是为了根除民间除天主教外的异教信仰。

没有可信的证据表明，被定罪的女巫是异教徒，或是某个古老的民间信仰的信徒。

魔法与超自然

在 1500 年的欧洲社会，几乎所有人都相信超自然力是绝对存在的，而且具有强大的力量。

魔法和迷信经常与其他宗教信仰混在一起。1517 年，一名叫阿隆索·冈萨雷斯·德拉平塔达的东正教信徒在其书中描述了他是如何治疗痔疮的：把病人带到无花果树前，让他面向东方跪下，脱帽，祝福他，念诵一段主祷文和“圣母马利亚”，然后摘 9 个无花果，带到一个既没有阳光也没有烟雾的地方，等无花果干了，痔疮就会被治愈。

施魔法可以是出于良善目的，通过携带护身符、药囊，把鞋子丢入烟囱等方法为人带来好运。在情势复杂或无法解释的时候，人们通常会求助于当地心地善良且自称会魔法的人（在英国，这种人被称为“狡猾之人”）。

狡猾之人可以治疗不孕不育，或是提供爱情魔药。他们还声称，自己有本事查出失窃物品的位置乃至窃贼的身份。他们常用的一种方法是用大剪刀把筛子挂起来，然后逐一念出嫌疑人的名字，当说到有罪之人的名字时，筛子就会转起来，“显然”是魔法在起作用！

这些会魔法的人相信他们可以通过活埋动物，用尿液煮鸡蛋，或者把盐和草药绑在牛尾巴上等手段治愈疾病。他们还经常说，某些人得病就是中了巫术，这时候，他们会帮助受害者弄清楚是什么人给他们施咒，并强迫施咒的女巫“治愈”受害者（现代医学证明，双方和解的行为确实有一定的治疗作用，因为这可以产生安慰剂效应）。

女巫、魔鬼和宗教改革

可是，超自然力也可能是邪恶的。人们常说，女巫施展的都是邪恶的魔法，可以对他人造成财产损失、身体伤害，甚至导致死亡。她们使用神秘的超自然力达到这些目的，而且许多人相信，女巫通过与魔鬼达成契约而获得超自然力。

很多正统宗教信仰也相信世界上存在女巫，例如《圣经》里便有这样的内容，《出埃及记》第 22 章第 18 节说："行邪术的女人，不可容她存活。"这为审判女巫提供了终极理由，不过历史上也有人曾质疑这段文字最初有可能翻译得不准确。

但是相信魔法和女巫的存在，并不意味着必然会在法律层面上对巫师发起迫害。那么，为什么女巫会受到迫害呢？

一种可能的解释是，迫害女巫的行为发生在宗教改革之后，当时的当权者主张对所有形式的"迷信"都予以镇压。然而，对女巫的审判在新教和天主教地区都发生过，而且不是一派信徒针对另一派信徒的行为。

宗教改革创造出一种末世焦虑的氛围：人们相信自己生活在末日，这让他们经常想到魔鬼。

1563 年，牧师托马斯·贝肯哀叹说："邪恶天使不可胜数……永不止息地要毁灭我。"1587 年，埃塞克斯的一位牧师写道："人们普遍认为，一遇狂风暴雨、电闪雷鸣，魔鬼就在屋子外面。"

于是，在这个时代的人们的脑海中就形成了如此印象：撒旦和其他恶魔正潜伏在这片土地上，基督徒则陷入永不休止的挣扎。

精英信仰和魔鬼论

不仅仅是普通大众有这样的感觉，当时受过教育的社会精英也是如此。1486 年出版的《女巫之锤》等书籍不断向人们灌输这种想法。这本书的主要作者叫海因里奇·克雷默，是一名德国的多明我会修士（历史学家马尔科姆·加斯基尔称他为“迷信的精神病患者”）。此书宣称，世上存在女巫，她们为魔鬼工作。

《女巫之锤》是一本猎巫手册，内容包括如何找到女巫并消灭她们。书中充满了对女巫邪恶行为的描写，比如掀起风暴、毁坏庄稼、给食物投毒，以及残害无辜之人。

此书影响力巨大，因为 1484 年教皇曾颁布一项敕令，称女巫是与撒旦订立契约的异教徒。克雷默把教皇敕令收入了自己的书中，放在前面，借用教会的权威提高作品的可信度。

一个世纪后，苏格兰国王詹姆士六世写了《恶魔学》一书，分析了女巫、恶魔、仙女和狼人实际存在的问题。这是唯一一本由欧洲在位君主写的关于女巫的书，书的主旨是反驳对女巫的存在持怀疑态度的人。作者犀利地指出：“吾国之中，如此可恨的魔鬼的奴隶，即那些女巫和男巫，其人数之众，让我不能坐视。”

这两本书是当时出版的许多恶魔学书籍的代表。正如斯图尔特·克拉克所言，恶魔学诚乃当时之前沿显学，它为女巫审判“奠定”了“知识”基础。

MALLEVS
MALEFICARVM,
IN TRES DIVISVS
PARTES,

恶魔的协议

所谓的恶魔学学者对女巫与魔鬼订立契约的观点尤其警觉。他们相信，女巫们被撒旦许诺的财富和权力迷惑，放弃了她们的洗礼，把灵魂交给撒旦，成了他的仆人。作为契约成立的标志，魔鬼会在“她们身体的某个秘密地方”留下一个记号，其外在表现就是这个地方对疼痛不敏感。

他们还相信，女巫会在夜间集会，搞崇拜魔鬼的活动，并通过亲吻魔鬼的肛门——魔鬼的另一张嘴——来表示对魔鬼带有色情意味的顺从。女巫会与魔鬼以及追随魔鬼的男梦魔和女梦魔（分别为男身和女身的恶魔）交欢——魔鬼的体液“冰冷刺骨，无法忍受”。有时魔鬼会变成一只黑山羊或一只癞蛤蟆出现在人们面前。女巫还会吃掉婴儿。法国法学教授、公诉人和王室顾问让·博丹（Jean Bodin）在1580年出版的《恶魔学》一书中写道，女巫们把新生儿献给魔鬼，把针插在孩子的头上杀死他们，然后煮熟，食肉饮血。最恼人的是，女巫还会经常制造风暴，破坏农作物。

恶魔学学者声称，女巫会借助神秘的强风飞行，飞去参加巫魔大会，飞的时候倒骑野兽，或是骑着一根棍棒或干草叉，或者，最为人所熟知的，骑在扫把上，扫把象征的是女性从事的家务劳动和男性性器官。

欧洲众多有学问的人和统治精英轻信了这样的说法，这是导致女巫受迫害的基本前提。即便如此，相信恶魔学说的人还经常抱怨人们对其发出的警告不够重视。

巫术犯罪

精英阶层相信巫术的罪恶是实际存在的，加上所谓邪恶契约的歪理邪说，就促成了一个至关重要的转变，如若没有这个转变，欧洲的女巫审判就不可能发生。这个转变就是，巫术变成了一种罪行。

在英国，1542 年、1563 年和 1604 年通过的议会法案将使用巫术定为犯罪行为，并将使用黑魔法定为死罪。苏格兰议会于 1563 年颁布了一项禁止巫术的法令。

欧洲其他地方也陆续通过了类似的法律。在神圣罗马帝国（包括现代德国和奥地利，以及一些周边的土地），1532 年颁布的《加洛林纳刑法典》尝试规定了巫术审判的程序。在 16 世纪和 17 世纪，瑞典、丹麦、挪威和俄国的统治者也相继颁布了禁止巫术的法令。在波兰等其他国家，在没有通过任何官方法令的情况下，世俗法庭就迫不及待地开始进行女巫审判。

对女巫的起诉和处决不是一场没有组织的混战，也不是教会发起的圣战，而是一个通过世俗法庭执行的、冷冰冰的司法程序。

法律的实施

尽管历史中记录的数据不是很精确，但每个地区女巫审判的数量清楚地表明，在鼓励或是打击对巫术进行起诉方面，法律体系起到了多么大的作用。

在法国，女巫审判相对较少。在不列颠群岛——除了 16 世纪 90 年代的苏格兰和 17 世纪 40 年代的埃塞克斯、东盎格鲁——迫害也相对较轻，这段时期最多有 3000 次审判。在斯堪的纳维亚和波兰，数字也大体类似。西班牙、意大利和葡萄牙进行了大量的女巫审判，但很少被执行死刑。

女巫迫害在神圣罗马帝国最为严重。在自治的洛林和弗朗什-孔泰，女巫审判的数量非常多，仅洛林这个小公国就处决了约 3000 人。绝大多数针对巫师的诉讼发生在德国各州、瑞士和低地国家（包括今天的荷兰、比利时和卢森堡），瑞士至少有 1 万起，德国可能有 4.5 万起。

至于被怀疑是女巫的人是否会被审判，以及是否会被处死，都取决于当局对证据的态度。

德国城市罗滕堡就是这种情况。这里的女巫审判数量很少，1561 年到 1652 年，只有 18 起巫术案件（涉及 41 名嫌疑人）被审判，其中 9 人被驱逐，只有 1 人被处决。

为什么如此？究其原因，是当地市议会严格按照法律条文办事，所以通常会对原告使用酷刑来防止其做伪证，间接降低了诬告成功的可能性。

小冰期

这个时候，巫术已经成为法律所定义的犯罪行为，人们也相信存在魔法。但这里有一个环节是缺失的：为什么会有人意图将巫术信仰变成一种罪行，并提出指控？

要理解这一点，我们需要思考当时人们的生活状况——时代发生了变化。当时欧洲社会的人口比以往任何时候都多，如英格兰的人口从1525年的250万增加到了1600年的400万，人们在食物上的花费也成倍增长。此前的几代人对于通货膨胀一无所知，所以一旦通胀发生，大众感到既震惊又难以忍受。当时社会的现实就是，人们感觉日常所需的面包越来越贵。

这时的气候也变得很糟糕。这一时期被称为小冰期，从1560年开始，气温大幅下降。1607年，第一场霜冻博览会在结冰的泰晤士河上举行，河上的冰非常厚，人们甚至在冰上点起火堆取暖。

气候的变化导致欧洲四分之一的农作物歉收，这意味着饥荒的到来。连续两三年歉收就会带来严重的饥荒。1594年到1597年，整个欧洲都在不停地下雨，小麦都烂在田里。1593年、1594年、1596年和1597年的收成都不好，物价飞涨，饿殍遍地。

在法国、尼德兰（今称荷兰）和神圣罗马帝国，瘟疫（大约每16年发生一次）与流感肆虐，还爆发了宗教战争。

最后，土地所有权发生变化，导致富人受益，穷人赤贫。土地从中世纪的习惯租地制（租金固定且较低）转变为合同租地制（由市场确定租金，租金高企，被称为“架子租”——盘剥性地租，等于把租户挂在了架子上）。

面对这些世界末日般的情况，为了缓和社会压力，就必须有人被拉出来置于大众视野下受到指责，这就是女巫审判会出现的深层社会原因。

现代性的曙光

16 世纪 90 年代、17 世纪 20—30 年代，以及 17 世纪 60 年代是欧洲女巫审判的高峰期，都与农作物歉收、瘟疫和战争相伴。

然而，也存在发生了天灾人祸，但并没有随之出现女巫迫害的时期，或者是一些地区并没有受灾，却仍然发起了女巫审判。

两者的因果关系并不那么简单，但可以确定的是，饥荒、贫困、战争和冲突加剧了人们面对生活的不稳定和不确定时的恐惧，从而给迫害巫师运动爆发提供了精神和情感空间，更不用说，在恐惧之外，饥饿、愤怒和嫉妒等负面感受和情绪了。

当时的大多数人都住在小村庄里，互相依赖。人们会借钱给他人，也会向他人借钱，邻里间互相赠予或共享物资，有时也会互相免除债务，这是当时人们的相处之道。但是遇到灾荒和困境，人们只能指望自己。一件事，一旦有了起头的人，别人就会开始跟风效仿。某个村民如不愿提供帮助或施舍，或是乘人之危，看到有人迫不得已卖掉自己的农场，就趁机兼并致富，或者在大家都在受苦时独自饱食，都可能滋生怨恨和猜忌。

这些情感是旧生活方式向新生活方式过渡的产物。从宏观的社会经济角度来看，当时的社会正在向资本主义转变，对女巫的审判是现代性曙光中沾满鲜血的双手。

拒绝-愧疚综合征

巫术指控是如何开始的?

历史学家艾伦·麦克法兰和基思·托马斯创建了一个模型，来推演这种社会行为是如何运作的。首先，他们将巫术指控在英国社区的兴起与16世纪晚期的社会和经济变化联系起来。

想象一下这样的场景：一个贫穷的老寡妇走到一个富有的邻居家门口乞求施舍。富人感到压力很大，认为自己给救助穷人的机构已经捐了不少的钱，于是拒绝了寡妇。老妇人皱着眉头，转过身去，满心怨气，嘴里嘟嘟囔囔地黯然离去。不久，富人的孩子病了，或者家里的牛死了，富人就会认为那个贫妇诅咒了他，进而认为她是个女巫。

1646年，约曼·亨利·考克罗夫特在《巫术的邪恶报告》中告诉约克郡的治安法官，伊丽莎白·克罗斯利曾到他家行乞，并对他妻子给她的东西很不满意，离开时嘴里还嘟嘟囔囔的。到了晚上，考克罗夫特的幼子就神秘地病倒了，3个月后不幸去世。考克罗夫特认为克罗斯利使用了巫术，同时其他邻居也讲述了类似的故事。

被指控的女巫通常一贫如洗，依赖他人的施舍过活，而且通常是年老且丧偶。另外，近期在乞讨的时候，她曾被这些指控者拒绝，或没有得到足够的帮助。原告下意识地为拒绝她而感到内疚，并将自己拒绝他人所隐含的攻击投射到女巫身上，认为女巫因此而心生怨恨。

这是一个很有说服力的模型，但是它未能解释为什么指控他人施巫术的人会表现出愧疚。

为什么是巫术？

我们的祖先并不把所有的不幸都归罪于巫术，他们只是把某些意料之外的、反常的或不公平的情况，比如先前健康的人突然暴病、顽疾不去、遭受袭击致残，或任何与儿童、分娩或怀孕有关的不幸归罪于巫术。

1646 年，在诺福克郡的阿普韦尔，罗伯特·帕森斯和凯瑟琳·帕森斯眼睁睁看着他们 7 岁和 6 个月大的孩子在三周内相继死去。当时的儿童夭折率很高，但是他们却把这些死亡归咎于邻居艾伦·加里森，因为他们的孩子在突然消瘦下去并最终死亡之前一直非常健康。

有两个原因让他们怀疑加里森：一是最近他们与她就一头猪的出售问题发生了争执，之后孩子就死了；二是加里森素有会巫术的恶名。凯瑟琳·帕森斯发誓说，她确定是加里森用巫术害死了她的孩子们，二十多年来，加里森一直都是个女巫，其母在世的时候也是女巫。

人们对巫术的指控并不是一种自然而然的反应，说某人是巫师必须满足两个先决条件：伤害必须貌似由巫术导致，而且被怀疑的人必须之前就与所谓的巫术有关系。事实上，普通人对所谓的女巫提出指控需要很大勇气，因为有可能遭到报复，如果某人真是女巫，拥有邪恶的超自然力，那么你最不想做的事情就是惹恼她。

人们可能相信女巫的存在，认为他们周围有人是女巫，提防她们，鄙视她们，但是并不一定真的会让自己的怀疑化作行动。

催化剂和谣言

大规模女巫审判的发生需要催化剂。

来自北安普敦郡吉尔斯伯勒镇的艾格尼丝·布朗被认为是一个性情乖戾、心肠恶毒的女人，在她在世的时候，邻居们对她又恨又怕。贝尔彻夫人是镇上一位“虔诚的淑女”，她与艾格尼丝的女儿琼发生了争执，并打了她。四天后的夜里，贝尔彻夫人感觉浑身疼痛，“疼得撕心裂肺”，她把这归咎于琼和她的母亲，公开谴责她们是女巫。1612年7月，这对母女被判对贝尔彻夫人施了巫术，并被吊死在阿宾顿的绞架上。

这件事中，很重要的一点是，贝尔彻夫人是一个“虔诚的淑女”，是个清教徒，总是以非黑即白的眼光看周围的世界，认为到处都有魔鬼。但是她挑起这场女巫审判，是因为她经历了一个特定的可怕事件，这件事让她不再害怕遭到报复，而且这件事是在她和一个素有女巫之名的人争吵后立即发生的，这些因素合在一起，成了促使她进行公开指控的催化剂。

很可能，在每一个社区里都有几个女巫嫌疑人，在受到指控之前，多年来邻居们都不喜欢她们，也不信任她们。她们可能只是为人桀骜不驯或者犯过一些偷鸡摸狗之类的小错，邻居间就会流传起关于她们的流言蜚语，最终日积月累形成她们会巫术的坏名声。在司法部门介入后，这些闲话会被重新提起，在审讯的过程中，邻居们还可能会添油加醋。

名声

罗宾·布里格斯（Robin Briggs）对洛林的研究证明了巫术的名声是如何建立起来的。1619 年，有 7 人指证 55 岁的梅特·卢茨琴，其中包括：

被指控者的妹夫、38 岁的亚当。十年前，他有一次晚上醒来，看到梅特站在他的床边。他称她为女巫，把她拖到外面，打了她几下。从那以后，他不论饲养什么动物都活不长。

24 岁的尼古拉斯。两年前，他从梅特的花园里偷了一些豌豆。她看见了他偷东西，并告诉他“她也要吃一些他的豌豆”。没过几天，他就病倒了，排泄出形似豌豆的圆虫子。

26 岁的巴比。六年前，她和姐姐在梅特的大麻地里采集草药。梅特打了她好几下，之后她病了三年。

还有一个与巴比同名的人，50 岁。十年前她曾是梅特的邻居。当时她家的公牛生病了，梅特给它弄了些药，但是第二天牛就死了。巴比的丈夫抱怨说这头牲口被施了巫术，另外夜里醒来时看到梅特站在他身边；两天后，他的左臂又肿又痛。巴比有一次拒绝给梅特的女儿做面包。几天后，她自己的女儿失踪了，回来时嘴唇黑得像煤一样，不能说话，也不能站立，三天后就死了。梅特是她所有不幸和贫穷的根源。

随后，梅特遭到严刑拷问，承认自己是女巫，并被处决。

对女巫的刻板印象

梅特是一个 55 岁的女人，她的外貌符合 1584 年怀疑论者雷金纳德·斯科特所描述的对女巫的刻板印象，即“通常是年老、跛足、眼皮松弛、苍白、肮脏、满脸皱纹、贫穷、阴郁、迷信的女人……身体瘦弱，弓着腰……可怜人……面目丑陋，左邻右舍都惧怕她们，几乎没有人敢得罪她们”。

想象中的女巫是可怜的老妇人的模样。人们认为女巫身世悲惨、外貌丑陋、内心恶毒，往往身体还有残疾——跛足、驼背或唇裂。

在实际生活中，所谓的女巫主要是中年以上的人。埃塞克斯的大多数女巫（那些年龄被记录下来的女巫）都在 50 岁和 70 岁之间。在 1571—1572 年的日内瓦女巫审判中，她们的平均年龄为 60 岁。在洛林，大多数女巫在 40 岁和 70 岁之间。

在严重的恐慌期间，刻板印象变得不那么相关了。1611 年，在德国埃尔旺根，70 岁的芭芭拉·鲁芬在刑讯逼供下做出的供述引发了一系列疯狂的行为，大约 430 名男女遭到处决，其中包括几名牧师和一名抗议妻子被逮捕的法官。在对这种刻板印象的偏离行为中，最可怕的是针对儿童的：1627—1629 年，在维尔茨堡，超过 40 名儿童被当作女巫处死；1609—1611 年的巴斯克地区和 1669 年瑞典的莫拉（也有儿童参与做证）也有未成年的女巫遭到审判。

不过，实际被处决的巫师大多数超过 45 岁，而且大多数是女性。

这是不是对女人的狩猎？

在欧洲大部分地区，超过 70% 受到指控的巫师是女性。在另一些地方，巴塞尔、那慕尔（现在的比利时）、匈牙利、大波兰地区和英国的埃塞克斯等地，这一比例升至 90% 以上。

1975 年，激进女权主义者安德里亚·德沃金出版了《女性憎恨》一书，她在书中把女巫审判称为“女巫屠杀”或“女性大屠杀”，不过她把被杀的人数高估了 1000 倍。安妮·卢埃林·巴斯托写了《女巫疯狂》一书，该书的副书名是“我们对女性施暴的遗产”，她认为施暴者主要是男性。在这些书中，女巫是男权社会中的被动受害者。

近期的女权主义学者黛安·珀基斯、黛博拉·威利斯和林达尔·罗珀对这类研究提出了质疑，指出女性既是加害者也是受害者，并探讨了精神分析、老龄化、女性社会化和母性等更微妙层面的问题。罗宾·布里格斯说：“我们需要解释的是，为什么女性特别容易受到有关巫术的指控，而不是为什么巫术被用作攻击女性的借口。”

《女巫之锤》展示了当时社会对女性的极端厌恶，这使得女性更容易受到指责。当时社会上的一种共识是：女性“更容易轻信……因此（魔鬼）更愿意攻击她们……女性天生耳根子软……她们牙尖嘴利，言而无信”，最重要的是，女人“比男人有更强烈的肉欲”。

像“女人的祖先”夏娃一样，女人被认为比男人软弱，更容易受到引诱进而犯罪，因此更容易被魔鬼诱惑。

反母性

这种负面定义特别容易被扣到老年妇女头上。

人们会庆祝结婚、分娩和怀孕。林达尔·罗珀认为，母性文化意味着人们认为丰乳肥臀的女性是理想女性，因为她们有更强的生育能力。

许多被怀疑是女巫的人不具有这些外貌特征。从外貌上看，女巫是干巴的老太婆。她们无法生育，也许丧偶，但仍然贪得无厌，她们与魔鬼交媾，出于嫉妒而攻击有生育能力的母亲和年幼的孩子。可以说，女巫是反母性的观念集合。

罗珀认为女巫的关键特征不仅是她们老了，而且更重要的是她们失去了生育能力。所以更年期和绝经后妇女在被告和被处决者中占有更大比例。

1593 年，在德国的讷德林根，玛格丽塔·克诺茨去迈达莱娜·明克尔家住，在后者生孩子的时候，克诺茨给明克尔带去了葡萄酒、苹果和牛奶等礼物。后来，两人为了钱吵了起来，克诺茨威胁年轻的母亲说，后者会为此付出代价。三周后，明克尔的孩子生了病，最终导致手脚残疾。

一个世纪后，在奥格斯堡，80 岁的厄休拉·格隆被指认为女巫，遭受了酷刑，被绑在长凳上受到鞭打。她被指控伤害年幼的儿童，因为她给他们吃的苹果和面包片据说是有毒的。在审讯中，格隆说："人们不喜欢老女人给孩子东西。"老女人很容易被描述为充满仇恨的人，其嫉妒心会促使她们伤害或是杀害无辜的人。

男巫

然而，在整个欧洲，有 20% 至 25% 的被指控的巫师是男性。

在一些地方，这个比例更高。在洛林，28% 被起诉的巫师是男性；在芬兰，一半是男性；在爱沙尼亚和莫斯科，被指控巫师是男巫的比例分别为 60% 和 68%；在诺曼底，男巫的数量是女性的 3 倍。最引人注目的是，在 1625 年至 1685 年的冰岛，92% 被指控的巫师是男性。

其中有多种具体的文化方面的原因。在诺曼底和俄国，许多被指控的男巫都是流浪者、游医、牧羊人等流动人口。流浪者被视为可怕和危险的离经叛道者，游荡在正常的等级秩序之外。在洛林，几乎一半的男巫都与以前被判有罪的女巫有血缘关系。

最重要的是，尽管女性更有可能屈服于恶魔般的诱惑，但男性在道德和精神上也可能是软弱的。

一本 1642 年的小册子《来自考文垂的恐怖故事》讲述了音乐家托马斯·霍尔特的故事，他在临终前订立了一个浮士德式的契约，把自己出卖给魔鬼。然而，撒旦欺骗了他。霍尔特死后留下了一个箱子，人们打开箱子，发现里面全是金币，可只要一碰触，金币就都变成了灰。

更可怕的是，1589 年，贝德堡的彼得·施通普夫在严刑逼供下承认使用黑魔法把自己变成了狼人，吃掉了 2 个孕妇和 14 个儿童，其中包括他自己的儿子。最终，他被残忍地处决了。

证据

施通普夫是在被刑讯逼供后，承认自己做过上述骇人听闻的罪行的，这并非孤例。

酷刑在英国没有得到正式使用。在英国，重大罪行都是在正规的巡回法庭进行审判，由陪审团做出裁决。但是，在上法庭前，有时会对女巫嫌疑人进行严酷的折磨。

在《恶魔学》一书中，詹姆士六世建议对女巫使用一种名为“游泳”的折磨方式：脱下她们的衣服，用绳子把四肢绑住，把怀疑是女巫的人浸在河里或池塘里，看她是下沉还是漂浮。如果她是无辜的，就会沉下去，然后人们可以用绳子把她拉上来；如果有罪，她会浮起来。水会宣布判决结果，因为“水将拒绝接受那些已经把洗礼的圣水从身上抖落的人”。

然而，与英国不同，欧洲大多数国家采用的是审判制度。在这里，刑事案件由法院官员进行调查，他们会私下审问嫌疑人和目击者，并保留证词记录。罪行必须由证据来证明，通常是两名目击者的证词或一份供词。

具有讽刺意味的是，正是这种理性的、以证据为基础的审讯程序推动了女巫审判。让·博丹认为，巫术是一种特殊的罪行，应该放弃通常所遵循的严格依据证据定罪的规则，没有必要去遵循在应对其他更明显的罪行时所需要遵循的规则，因为要想证明这种罪行非常困难。

如果唯一可靠的证人是女巫自己，那么审判者就会强迫她们认罪。

酷刑

所谓强迫认罪，就是在审讯中使用酷刑，审讯者认为痛苦可以让人说实话。

审讯者会在酷刑中用带有螺钉的腿夹来压迫“巫师”身体的某些部位，让人疼痛难耐。苏格兰女巫费安医生在16世纪90年代遭受过夹钳之苦，据说“她的腿被压得粉碎，并被挤在一起，小得不能再小，骨头和肉被压得伤痕累累，血和骨髓大量涌出”。

另外一种酷刑，是通过拉伸人的身体带来痛苦，比如吊坠刑是把手臂绑在背后，然后系住手腕从地上吊起来；利用上刑架（是最常见的酷刑，把胳膊和腿绑在木架上，向相反的方向拉），或是系住拇指把人吊起来。在苏格兰，有一种叫“特克斯”（turcas）的酷刑，是把嫌疑人的指甲都撕下来。在德国，女巫们会被绑在铁椅子上，铁椅下面则烧着火，或者绑在长凳上拉伸鞭打。有些嫌疑人会被拷打致死。

心理学家尼米沙·帕特尔对现代酷刑受害者的研究表明，除了纯粹的痛苦，酷刑还会导致强烈的心理冲击和恐惧、短暂的意识丧失、定向障碍和混乱、大小便失禁（以及随之而来的羞耻感）和创伤性遗忘。

在苏格兰和英格兰（当时是法外之地，17世纪40年代由东盎格鲁和埃塞克斯的自封为“猎巫将军”的马修·霍普金斯控制），人们使用睡眠剥夺作为酷刑。这也会产生定向障碍和混乱，还有对暗示的接受性增强、精神错乱、幻觉和认知障碍。遭受这种酷刑的人很难做出连贯的反应，很难做出决定，很难知道什么是真实的，什么不是。

供词

审讯时使用酷刑会对一个人的身体和心理造成伤害。

这意味着，酷刑非但不能引出真相，反而很可能产生其他结果。面对强烈而持久的痛苦，大多数人会随口乱说来保命。在严刑拷打下，人们也会轻易相信别人告诉他们的话。他们的思维能力被削弱了，对现实的看法产生了扭曲。审讯者不断地问一些诱导性问题，女巫们的供词都会恰好符合审讯者的预期，例如女巫们都签订了恶魔般的契约，参加女巫集会，与恶魔发生性关系，因为这些都是审讯者在施刑时说出的故事。

然而，也有些人即使在没有遭受酷刑的情况下也会承认自己是巫师。为什么?

因为那些人相信自己是巫师，他们真的曾经试图召唤恶魔，诅咒邻居，或是借助魔法杀人。

一些被指控的人——通常是孤独的有各种残疾的人——可能精神不稳定或心理失常。有些人可能服用了致幻剂。也许还有一些人，想到被释放后可能需要面对的深刻的社会孤立，会宁可选择一死了之。

但是还有一些我们无法解释的供词，要求我们更深入地了解被指控的女巫的欲望和幻想。

幻想和绝望

供词不仅揭示了审讯者的幻想，还让我们深入了解了被告的幻想：陪伴、性、权力、吃饱饭、财富、复仇和希望。

1645 年，玛丽·斯基普承认自己变成了女巫，因为“在丈夫死后，魔鬼化身为一个男人的样子，出现在她面前，并告诉她，如果她愿意与他订立契约，他就会偿还她的债务，会带她去天堂……实现她永远想都不敢想的愿望”。这份供词就体现了对于免除贫困、债务和无休止的生活苦役的盼望。

80 岁的伊丽莎白·克拉克坦白说，六七年来，魔鬼以“一位高大、端庄、黑发绅士”的形象来到她的床边，总是说：“贝丝，我必须和你睡在一起。”另一个寡妇说，撒旦“以一个年轻英俊的绅士的形象出现，他长着金黄的头发，身穿黑衣，经常和她躺在一起”。老年人经常遭受“皮肤饥渴症”的折磨。那些渴望与人接触的人可能会把别人对她们有渴望、爱抚她们的罪恶幻想错当成现实。

或者她们幻想着希望。马尔科姆·加斯基尔曾写过玛格丽特·摩尔的故事，她是一个贫穷、孤独的女人，眼睁睁看着自己 4 个孩子中的 3 个相继死去。最后一个生病的孩子躺在床上的时候，她听到有魔鬼在喊“妈妈，妈妈，好妈妈，让我进来”，并提出用她的灵魂来交换她仅存的孩子的生命。在绝望中，她可能会产生幻觉，为了保住孩子的生命，向魔鬼提供她所能提供的唯一的东西。她于 1647 年夏在伊利被绞死。

结局

1692 年在美国塞勒姆小镇发生了一起轰动一时的巫术案件。有 144 到 185 人被指控为女巫，59 人被审判，19 人被处决。第一批被指认的女巫符合标准的女巫形象——爱争吵、不合群的女性。但随着时间的推移，这些受害者——一群表现出被鬼魂缠身迹象的年轻女子——指认了更多的人。然而，当局很快发觉这些指控不可靠，停止了审判并释放了囚犯。

在欧洲，这一时期女巫审判开始逐渐减少，但是停止的时间在各国有很大的不同。荷兰共和国最后一次处死巫师是在 1609 年，这比进行过猎巫活动的欧洲其他主要地区都早。在英国，最后一个被处死的女巫是爱丽丝·莫兰，她于 1685 年在德文郡被绞死。苏格兰最后一个被处死的女巫是 1722 年的珍妮特·霍恩。

巫术审判得以结束是由于知识、法律、经济和宗教环境发生了变化。最重要的是，司法机关开始坚持执行比以前更严格的证明巫术的证据要求，这意味着更多的案件最终没有定罪。在 1660 年至 1701 年的本地巡回法庭审判中，所有 48 项巫术指控都被判无罪。在美国发生塞勒姆案件的那一年，肯特的一个陪审团宣判一伙“女巫”无罪，因为“除了她们自己的供词外，没有其他有效物证”。

定罪率的下降，使得巫术变得不那么可信。到 1700 年，女巫审判已经很罕见了。最后一批女巫审判案件发生在 18 世纪 70 年代和 80 年代的波兰、西班牙和瑞士。欧洲最后一名被官方定罪的女巫安娜·戈尔迪于 1782 年在格拉鲁斯被处决。

无处不在的猎巫行动

法律紧跟着实践得到改进。随着审判逐渐减少，与巫术相关的法律也被废除或改革：法国在 1682 年，普鲁士在 1714 年，英国在 1735 年至 1736 年，俄国在 1770 年，波兰在 1776 年，瑞典在 1779 年。但是巫术审判的减少并不一定意味着人们对女巫、魔法和超自然力的信仰的减弱。

在世界范围内，猎巫行动一直持续到非常晚近的时期。1985 年至 1995 年，南非有 200 起对女巫嫌疑人动私刑的案例。2001 年，在刚果民主共和国，官方数据显示，不到两周，伊图里省就有 843 人被猎巫者杀害（非官方数据显示有 2000~4000 人死亡）。许多人被残忍杀害是因为她们家里有洋葱，那被一些人当作魔鬼的蔬菜。

沙特阿拉伯的宗教警察在 2009 年成立了一个反巫术部门，2011 年沙特法庭下令将两个"从事巫术活动"的人斩首。

2012 年，一对居住在伦敦的刚果夫妇在"老贝利"（指伦敦中央刑事法院）被控谋杀了 15 岁的克里斯蒂·巴姆，因为他们认为被害人是个巫师。2013 年，巴布亚新几内亚的一群暴徒把一个名叫凯帕里·勒尼亚塔的 20 岁女子当成女巫活活烧死。

尼泊尔、哥伦比亚、印度尼西亚、尼日利亚等国也发生过类似的猎巫迫害行为。2014 年，《纽约时报》报道称，全球范围内的猎巫行动正在升温，每年都有数千人被杀。

了解一下为什么直到如今仍然有人因为巫术而受到迫害，比以往任何时候都更加重要。

拓展阅读

在这里，我要特别感谢罗宾·布里格斯、马尔科姆·加斯基尔、布赖恩·P. 莱瓦克、林达尔·罗珀、詹姆斯·夏普和基思·托马斯等人。

Wolfgang Behringer, *Witches and Witch-Hunts: A Global History* (Polity Press, 2004).

Robin Briggs, *Witches and Neighbours: The Social and Cultural Context of European Witchcraft* (Blackwell Publishing, 1996).

Robin Briggs, *The Witches of Lorraine* (Oxford University Press, 2007).

Robin Briggs (trans. and ed.), *Lorraine Witchcraft Trials* (http://witchcraft.history.ox.ac.uk).

Stuart Clark, *Thinking with Demons: The Idea of Witchcraft in Early Modern Europe* (Clarendon Press, 1997).

Ronald Hutton, *The Witch: A History of Fear, from Ancient Times to the Present* (Yale University Press, 2017).

Malcolm Gaskill, *Witchfinders: A Seventeenth-Century English Tragedy* (John Murray, 2005).

Malcolm Gaskill, *Witchcraft: A Very Short Introduction* (Oxford University Press, 2010).

Brian P. Levack, *The Witch-Hunt in Early Modern Europe* (Longman, 1995).

Alan Macfarlane, *Witchcraft in Tudor and Stuart England: A Regional and Comparative Study* (Routledge, 1999).

H. C. Erik Midelfort, *Witch Hunting in Southwestern Germany 1562–1684: The Social and Intellectual Foundations* (Stanford University Press, 1972).

Diane Purkiss, *The Witch in History: Early Modern and Twentieth-Century Representations* (Routledge, 1996).

Lyndal Roper, *Witch Craze: Terror and Fantasy in Baroque Germany* (Yale University Press, 2004).

James Sharpe, *Instruments of Darkness: Witchcraft in England 1550–1750* (Hamish Hamilton, 1996).

James Sharpe, *Witchcraft in Early Modern England 1550–1750* (Longman, 2001).

Keith Thomas, *Religion and the Decline of Magic: Studies in Popular Beliefs in*

Sixteenth- and Seventeenth-Century Europe (Weidenfeld and Nicolson, 1971).

Deborah Willis, *Malevolent Nurture: Witch-Hunting and Maternal Power in Early Modern England* (Cornell University Press, 1995).

Wanda Wyporska, *Witchcraft in Early Modern Poland 1500–1800* (Palgrave Macmillan, 2013).